原來討厭是這樣

遇上討厭的事物只能躲開嗎？

神奇的情緒工廠 5

段張取藝 著・繪

【神奇的情緒工廠 5】

原來討厭是這樣：遇上討厭的事物只能躲開嗎？

作　　　　者　段張取藝
繪　　　　者　段張取藝
特 約 編 輯　劉握瑜
美 術 設 計　呂德芬
內 頁 構 成　簡至成
行 銷 企 劃　劉旂佑
行 銷 統 籌　駱漢琦
業 務 發 行　邱紹溢
營 運 顧 問　郭其彬
童 書 顧 問　張文婷
第 四 編 輯 室
副 總 編 輯　張貝雯
出　　　　版　小漫遊文化／漫遊者文化事業股份有限公司
地　　　　址　台北市103大同區重慶北路二段88號2樓之6
電　　　　話　(02) 2715-2022
傳　　　　真　(02) 2715-2021
服 務 信 箱　runningkids@azothbooks.com
網 路 書 店　www.azothbooks.com
臉　　　　書　www.facebook.com/azothbooks.read
服 務 平 台　大雁文化事業股份有限公司
地　　　　址　新北市231新店區北新路三段207-3號5樓
書 店 經 銷　聯寶國際文化事業有限公司
電　　　　話　(02)2695-4083
傳　　　　真　(02)2695-4087
初 版 一 刷　2023年11月
定　　　　價　台幣350元

ISBN　978-626-97945-3-9（精裝）
有著作權·侵害必究
本書如有缺頁、破損、裝訂錯誤，請寄回本公司更換。

本作品中文繁體版通過成都天鳶文化傳播有限公司代理，經電子工業
出版社有限公司授予漫遊者文化事業股份有限公司獨家出版發行，非
經書面同意，不得以任何形式，任意重制轉載。

國家圖書館出版品預行編目 (CIP) 資料

原來討厭是這樣：遇上討厭的事物只能躲開嗎?/ 段張取
藝著. 繪. -- 初版. -- 臺北市：小漫遊文化, 漫遊者文化事
業股份有限公司, 2023.11
　面；　公分. -- (神奇的情緒工廠；5)
ISBN 978-626-97945-3-9(精裝)
1.CST: 育兒 2.CST: 情緒教育 3.CST: 繪本
428.8　　　　　　　　　　　　　　　112017481

漫遊，一種新的路上觀察學
www.azothbooks.com
 漫遊者文化

大人的素養課，通往自由學習之路
www.ontheroad.today
遍路文化·線上課程
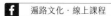

蚊子太討厭了！

留下癢得不得了的小包後，

還要不停的嗡——

嗡——

嗡——

嗡——

啊！
快離我遠一點！

好噁心——

實在太討厭了！

最討厭大蒜了，味道實在太奇怪了！

還討厭苦瓜！為什麼會有人愛吃這種東西？

更討厭又油又膩的肥肉，真的吃不下去！

噁——

一隻蒼蠅掉到冰淇淋上，馬上就不想吃了！

牛奶本來很好喝，可是壞掉之後就變得很噁心了！

烤焦的蛋糕黑漆漆的，看起來像什麼奇怪的東西……

看到狗狗在路上亂拉便便，感覺真的很討厭！

在電梯裡聞到了很臭的屁味，想躲都沒辦法躲！

流個不停的鼻涕也很討厭！

討厭冷冷的冬天，尤其是這麼冷還要早起去上學！

也討厭炎熱的夏天，出了汗全身都黏答答的！

好熱啊！

沒洗頭的時候頭髮會變得臭烘烘的，好討厭啊！

髒兮兮的襪子也好討厭，要趕快洗乾淨。

討厭別人亂惡作劇，比如把我的鞋帶綁在椅子上。

更討厭有人取笑別人的缺陷，這樣傷害別人一點都不酷！

哈哈！

我才不會做這些討厭的事情！

為什麼有這麼多討厭的東西啊！

身體全方位的討厭

一旦發現自己討厭的事物,我們的反應就會變得很強烈,全身都在想盡辦法不和討厭的事物產生聯繫!

眼睛:眼輪匝肌自然收縮,眼睛變小甚至緊閉,減少視線範圍。

鼻子:鼻子皺起,阻止味道進入鼻子。

嘴巴:嘴唇緊閉。

肢體動作

頭轉向另一個方向,身體傾斜遠離討厭來源,想儘快離開。

語言表達

提到討厭的事物
時會拒絕討論。

消化系統

極度討厭時會噁心、
嘔吐，希望將討厭的
東西從身體裡「吐」
出去。

心血管系統

心率和血壓會下降，
防止討厭的東西「進
入」血液循環系統。

光是想像一
下就討厭得不
得了！

令人討厭的東西

總有各種油膩膩、黏答答、臭烘烘、髒兮兮的東西
讓我們感覺很不舒服，這些東西大家都很討厭！

嘔吐物，消化不了、
不被身體接受的食物。

生存性厭惡

有一些事物會對人的味覺、嗅覺、
視覺等感官造成負面的刺激，並且
有可能影響人的身體健康。

吃起來帶有苦味或酸味的食物。

便便，食物消化
後的殘渣。

已經腐爛或被認為有毒
的食物，比如看起來、
聞起來、摸起來有異常
的食物。

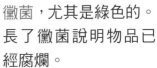

黴菌，尤其是綠色的。
長了黴菌說明物品已
經腐爛。

髒亂、潮溼等藏著病菌的地方。

常常出現在髒亂
環境裡的動物。

過冷、過熱、勞累等可
能讓身體生病的情況。

生病時流出
來的鼻涕。

受傷時的傷口和
流出的血液。

這些生理
性的刺激，實
在讓人忍不
住⋯⋯

令人討厭的事情

生活中還有各種讓人討厭的事情，
即使不會讓我們的身體受到外在傷害，
但也絕對不想遇到！

道德性厭惡

由道德標準引發的討厭。每個人的
標準都不太一樣，所以每個人討厭
的事物也不太一樣。

討厭別人浪費糧食。

討厭有人在電梯裡把所有
樓層的按鈕全按亮。

討厭有人撒謊，包括自己
撒謊時也會感覺不舒服。

討厭有人洗完手不關水龍頭。

討厭說自己壞話的人。

討厭有人在桌子上亂塗亂畫。

這些事情可能會對自己或他人造成不好的影響，所以我們才會覺得討厭！

討厭還是生氣？

同樣是面對不道德的事情，感覺生氣時會想阻止對方，甚至出現攻擊性行為，但感覺討厭時就只會想離得遠遠的。

為什麼會討厭

討厭其實是被「吃」出來的情緒。人類得以生存最重要的事情就是吃，而討厭就是為了不讓我們的祖先吃壞肚子才出現的。

吃到壞的吐出來

當人類祖先吃到腐壞、有毒的東西時，會本能的把這些東西從身體裡嘔吐出來，進而降低傷害或避免中毒。

毒果子、毒蘑菇

長滿黴菌的水

腐爛的野豬、野雞

演化為討厭

在漫長的生存鬥爭中，人類祖先逐漸知道哪些東西是不能吃的。為了預防吃錯東西，除了舌頭，其他感官接觸到這些食物時也會出現噁心的感覺，由此演化為討厭的情緒。

嚐！有毒和腐壞的食物常常是苦的和酸的。

聞！腐爛的氣味常常是酸的和臭的。

看！壞掉和有毒的食物通常是藍色或綠色的。

摸！壞掉的食物摸起來總是軟軟爛爛、黏答答的。

我們的祖先一旦吃錯食物就可能沒命，所以才搞得我們現在這麼容易噁心！

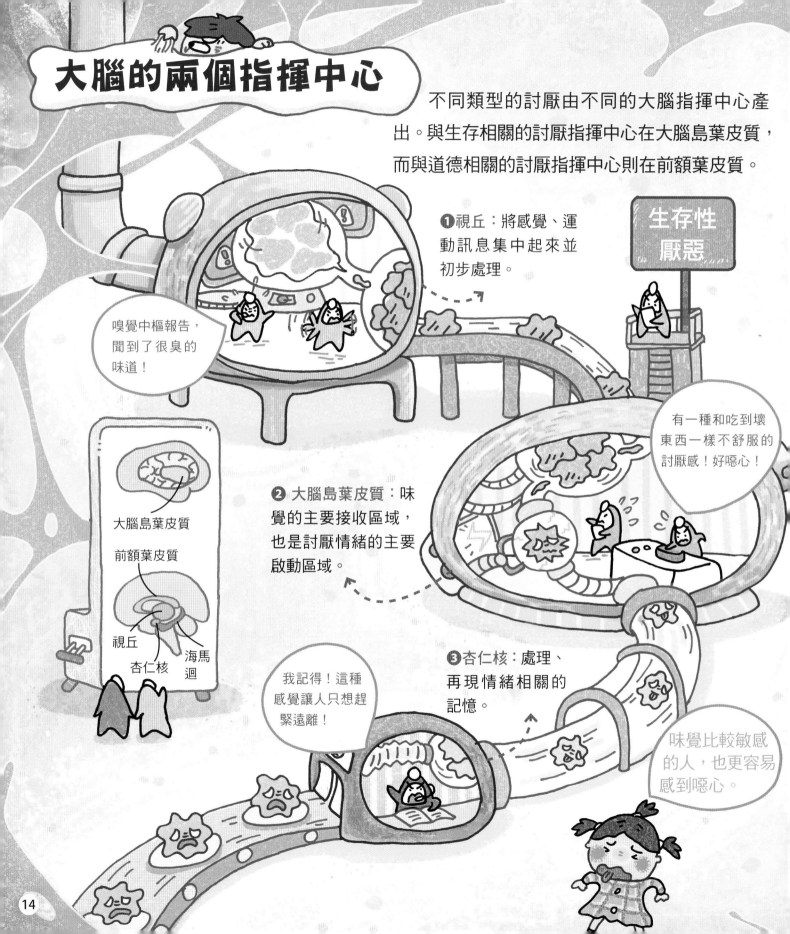

大腦的兩個指揮中心

不同類型的討厭由不同的大腦指揮中心產出。與生存相關的討厭指揮中心在大腦島葉皮質，而與道德相關的討厭指揮中心則在前額葉皮質。

❶ 視丘：將感覺、運動訊息集中起來並初步處理。

嗅覺中樞報告，聞到了很臭的味道！

生存性厭惡

有一種和吃到壞東西一樣不舒服的討厭感！好噁心！

大腦島葉皮質
前額葉皮質
視丘
杏仁核
海馬迴

❷ 大腦島葉皮質：味覺的主要接收區域，也是討厭情緒的主要啟動區域。

我記得！這種感覺讓人只想趕緊遠離！

❸ 杏仁核：處理、再現情緒相關的記憶。

味覺比較敏感的人，也更容易感到噁心。

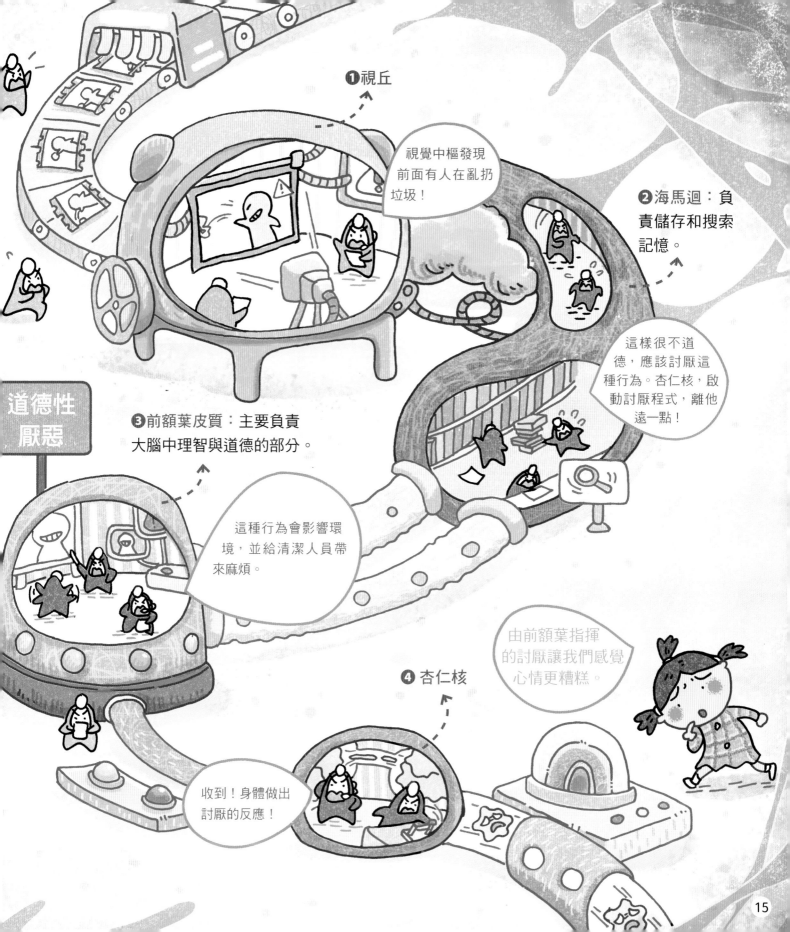

討厭情緒的成長路

和其他基本情緒不同，與生存相關的討厭雖然是天生的，但是真正的情緒性討厭形成的時間卻很晚，需要學習才能獲得。

只會拒絕

嬰兒時期，只有簡單的拒絕反應，比如嚐到不喜歡的味道，這是最基礎的生存性厭惡。

開始辨別討厭的表情

幼兒到 3 歲才開始學會辨別討厭的表情，並且很容易認錯，經常把討厭解讀為憤怒。

好髒啊！

媽媽生氣了？

出現討厭的情緒

討厭的情緒直到幼兒 3 歲以後才漸漸出現，討厭的內容主要來源於大人的教育和環境的影響。

通過「討厭」獲得成長

有一些「討厭」可以幫助兒童養成良好的行為習慣和正確的道德觀，因為人們不會去做自己討厭的事。

手髒髒的好討厭，要好好洗手。

手髒髒的好討厭，要好好洗手。

噓！不要在圖書館這麼大聲的說話。

在圖書館大吵大鬧真的很討厭……

大家都知道令人討厭的事情不能做，社會才能更和諧。

不合適的討厭

雖然我們都會有討厭的人或事，但如果討厭用在不適當的地方，也會給我們帶來麻煩。

影響發育

總是這也討厭吃、那也討厭吃，就是挑食。挑食會導致人體沒有辦法獲取均衡的營養，不但可能影響身體生長發育，嚴重的話還會影響智力。

影響生活

如果過度討厭髒亂可能會出現強迫性清潔行為，比如在不必要的情況下反覆洗手、洗澡等，很可能會影響到生活。

愛乾淨是好事，但太愛乾淨也不好，嗯⋯⋯好麻煩。

產生偏見

討厭會讓人想要遠離，所以在對某個人產生不好的印象後，就很難再去全面了解這個人，但不了解就討厭一個人，很容易造成偏見。

有些人其實並不像我們認為的那樣討厭。

失去自信

如果討厭自己，會出現情緒低落、沒有自信等一連串負面情緒。

不合適的討厭會有這麼多麻煩，還是不要讓這些麻煩出現吧。

改變惹麻煩的討厭

即使到了爺爺奶奶那樣的年紀，也還是會有討厭的東西。但有些討厭可能會惹麻煩，所以還是需要做出改變的。

怎樣才能不挑食

先判斷

只有影響到日常飲食營養平衡的飲食行為才屬於挑食。

我討厭吃香菜和蔥花這些辛香料，但飯菜我都正常吃。

這不屬於挑食。

我只討厭吃白菜，但其他的菜我都愛吃。

不喜歡吃的菜很少，並且有很多替代品，不屬於挑食。

我討厭吃白菜、菠菜等好多蔬菜，能接受的只有幾樣。

這就屬於挑食了。

只要是蔬菜我都討厭，我只喜歡吃肉！

這是嚴重挑食！

解決方法① 改變烹飪方式

可以嘗試改變食物的烹調方法，也許換一種做法，就變得愛吃了呢。

不喜歡啃蘋果，可以把蘋果榨成蘋果汁。

不喜歡吃容易卡牙縫的肉，可以把肉剁碎做成丸子。

不喜歡嚼胡蘿蔔塊，可以試試炒胡蘿蔔絲，會更入味哦。

解決方法② 試著轉變想法

對於討厭的東西試著換個角度想想，或許慢慢就不討厭了呢。

還是多吃點蔬菜吧……

吃下討厭的蔬菜其實只需要幾分鐘。

但不吃蔬菜可能拉不出便便，還可能有口臭！

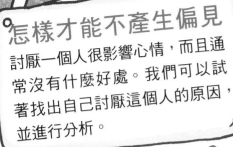

怎樣才能不產生偏見

討厭一個人很影響心情,而且通常沒有什麼好處。我們可以試著找出自己討厭這個人的原因,並進行分析。

仔細想想,好像找不出原因啊……

沒有原因,這時候就沒有必要繼續討厭這個人啦。

因為大家都討厭他!

因為他臉上長了一顆超大的痣!

這個不屬於原因哦,我們需要找的是自己討厭這個人的原因,而不是跟隨別人的看法。

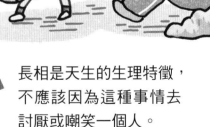

長相是天生的生理特徵,不應該因為這種事情去討厭或嘲笑一個人。

當原因不成立時,需要轉變的就是我們自己的看法。站在對方的角度想一想,我們也不希望自己因為這些事情而被討厭,不是嗎?

因為我聽說他在牆上亂畫！

因為他喜歡亂丟垃圾！

因為這個人總是愛對我惡作劇！

當原因暫時成立時，我們需要分幾個步驟來解決。

第一步：判斷事情是不是事實。

第二步：溝通。如果對方可以改正甚至已經改正，令人討厭的原因也就不成立啦。

第三步：尋找對方的優點。每個人總會有一些缺點，但同樣也會有優點，可以把對方的優點和缺點都列出來。全面了解一個人之後，再想想你還會覺得他討厭嗎？

23

怎樣才能不討厭上學

如果我們討厭上學和讀書，會給學習和成長帶來一些負面的影響。克服厭學最重要的是找到原因並解決。

❶ 個人看法原因

> 學習好無聊，沒有打遊戲好玩！

這時需要我們轉變自己的想法。可以和朋友一起列出學習的好處。

會有能力做出自己喜歡的遊戲。

會了解很多以前不知道的事情。

可以和好朋友繼續一起升學，一起作伴。

❷ 家庭環境原因

> 因為爸爸媽媽總是批評我，我覺得壓力好大，更學不進去了。

此時可能需要我們主動去表達。可以寫一封信給爸爸媽媽，告訴他們自己真正的想法。

給爸爸媽媽的一封信：
之前發生 XX 事的時候，實際上我的感受是 XXX，如果能讓我 XX，我會更開心，或許這樣才能學得更好……

❸ 學校環境原因

因為有同學欺負我……

遇到這種情況時,需要尋求可靠的大人幫助。如果被同學欺負,可以第一時間告訴老師或者爸爸媽媽。

因為老師不喜歡我,所以我不想去學校!

這種情況可以找爸爸媽媽幫忙跟老師溝通。

討厭小故事

古今中外的名人，也都或多或少會討厭一點什麼東西。

阮籍的青白眼

魏晉名士阮籍傳言「能為青白眼」，也就是看到喜歡的人就用正眼看人，看到討厭的人就用斜眼看人。

趙匡胤和長翅帽

宋代開國皇帝趙匡胤很討厭官員們在朝堂上交頭接耳，為此他在官員們的帽子上加上「長翅」，讓官員們在上朝時只能面對面交談。

康熙禁菸

清代康熙皇帝很厭惡菸草，還曾下令禁止軍民和官吏們吸菸。

達利與菠菜
西班牙超現實主義畫家達利很討厭菠菜，因為他覺得菠菜容易黏在牙齒上，很不雅觀。

討厭喝水的演員
美國喜劇演員菲爾茲經常過量飲酒，他曾說自己討厭喝水，因為魚會在水裡小便，這讓他覺得噁心。

總統也偏食
美國總統老布希曾經說過：「我從小就不喜歡吃花椰菜，現在我當了總統，再也不用吃花椰菜了。」

有人討厭，有人喜歡

　　每個人討厭的事情不一樣，就算是人人都有的味覺，好惡也很難完全統一。在不同的文化中，都存在一些自己吃起來是美味，但其他人聽到就感覺很討厭的食物。

鹹豆漿
因為加了白醋，味道又鹹又酸，被形容像餿掉的食物，卻是早餐桌上的常客。

納豆
一種發酵的鹹味大豆，被討厭納豆的人形容為有種臭襪子的味道。起源眾說紛紜，現在是日本的代表美食。

臭豆腐
由豆腐發酵後製成，號稱聞著臭、吃著香，有些人對它敬而遠之，有些人卻愛吃到上癮。

愛斯基摩冰淇淋

用鹿、海象、鮭魚和海豹的脂肪，加上漿果、草藥和糖，經過混合、冷卻製成。是愛斯基摩人的美味，其他人只能望而卻步。

鯡魚罐頭

寒冷地帶經常誕生各種神奇的食物，其中鯡魚罐頭最為出名，以鯡魚自然發酵而成，奇臭無比，被譽為世界上最臭的食物，但營養豐富。

基維亞克（醃海雀）

同樣是來自寒冷地帶的食物，把整隻海雀塞進死後的海豹胃裡，然後埋進凍土層，經過發酵後取出，吃的時候去掉鳥頭和羽毛，只吃腐化的鳥肉和內臟。

北極圈附近缺乏蔬菜，當地的人們需要用這些發酵方法來獲取維生素，所以才會誕生各種神奇的食物。當然，到了科技發達的現代，這些神奇的食物已經逐漸被取代了，比如中餐就在北歐占有一席之地，不過應該不包括鹹豆漿和臭豆腐！

動物們的討厭

討厭髒亂的豬

豬其實很愛乾淨，牠們很喜歡洗澡，而且如果住的地方夠大，牠們還會把睡覺、吃飯及上廁所的地方分開。

老鼠討厭薄荷

如果不想讓老鼠在家裡跑來跑去，可以在家裡多放一些薄荷味的東西。

挑食的無尾熊
無尾熊幾乎只吃特定品種的桉樹嫩葉。因為食物來源單一，牠們適應環境的能力極差，現在已經是瀕危物種了。

馬不會嘔吐
馬因為不會嘔吐，所以在吃到有毒的食物時無法通過嘔吐來保護自己。馬醉木就是因為會讓馬吃完感覺不舒服才得名的。

鹿討厭吃什麼
鹿的食物來源豐富，不過也討厭吃馬醉木這樣的灌木，因為它們有毒。

我的餐盤

你會怎麼搭配每天的飲食呢？喜歡的就多吃，討厭的就少吃嗎？

我們每天吃的食物，大致上可以分成六大類，一起來認識吧。

豆魚蛋肉類	豆類製品、魚產海鮮、蛋類、家禽家畜的肉類等。 
乳品類	鮮（牛／羊）乳、保久乳、優酪乳、優格、各式乳酪起司、奶粉等。 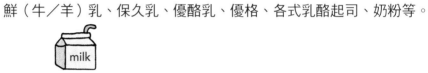
水果類	蘋果、木瓜、鳳梨、香蕉、芭樂、柳丁、檸檬、芒果等。
蔬菜類	綠葉蔬菜、花菜、根菜類、豆菜、菇類、海菜等。 
全穀雜糧類	各種米飯、豆類、麵條、全麥麵包、燕麥、玉米、小米、馬鈴薯、芋頭、南瓜等。
堅果種子類	花生、瓜子、葵花籽、芝麻、腰果、杏仁、核桃等。

我們都有喜歡跟討厭的食物，不過，每天三餐還是要盡量均衡攝取六大類食物，才能有健康的身體喔。今天就來記錄你的一天三餐，看看你有沒有每一類食物都吃到。

	早餐	午餐	晚餐
豆魚蛋肉類	例：茶葉蛋 1 顆		
乳品類			
水果類			
蔬菜類			
全穀雜糧類			
堅果種子類			

這個口訣可以幫忙確認每一類有沒有吃到足夠的量喔。

（「我的餐盤」參考出處：衛福部健康署）

每天早晚一杯奶、每餐水果拳頭大、菜比水果多一點、飯跟蔬菜一樣多、豆魚蛋肉一掌心、堅果種子一茶匙。

小遊戲

手髒髒的好討厭啊，你知道該怎麼把手洗乾淨嗎？以下是七步洗手法的步驟，仔細看一看，將對應的圖文連起來吧！

1 **內**。掌心搓掌心。

2 **外**。手心對手背，沿指縫互搓。

3 **夾**。掌心對掌心，雙手交叉搓指縫。

4 **弓**。兩手互握，互擦指背。

5 **大**。兩手交換，握住拇指揉搓。

6 **立**。兩手交替用指尖摩擦掌心。

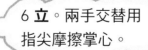

7 **腕**。揉搓手腕和手臂。

你有好好洗手的習慣嗎？遇到下面這些情況的時候你會怎麼做呢？

直接吃

先洗手

手上不乾淨，病菌跟著食物進到肚子裡，拉肚子了。

朋友在旁邊等著，要不要用七步洗手法呢？

隨便洗一下

要

過度清潔，手上的皮膚受到傷害。

會不會沒洗乾淨？要不要多洗幾遍呢？

再多洗幾遍

已經乾淨啦

開開心心的和好朋友一起吃零食。

【神奇的情緒工廠】（全6冊）

為什麼情緒一上來，身體跟心裡都變得好奇怪？
情緒的十萬個為什麼，讓大腦來告訴你！

★科學角度完整介紹6大基本情緒，兒童成長必備的心理百科
★20個實用情緒管理小技巧×98則中外趣味小故事
★〔套書特別加贈〕：《情緒百寶箱》遊戲小冊，
　涵蓋四大主題的的14個紙上活動，幫助孩子練習辨認與調節情緒

原來生氣是這樣：

生氣到要爆炸怎麼辦？

有好多事情，一想到就氣得不得了！
每個人都有生氣的時候，
甚至可能會抓狂暴怒。
其實，生氣是人類保護自己的本能反應，
不過，如果經常大發脾氣，
對身體、認知和人際關係都會造成傷害，
一起來看看該如何消滅
身體裡的壞脾氣怪獸吧。

原來害怕是這樣：

害怕到發抖該怎麼辦？

有好多東西，一想到就害怕得不得了
害怕是每個人都會有的情緒
每個人害怕的東西都不同，
有時候害怕可以幫助我們遠離危險，
但是如果只會逃避，問題會一直存在，
甚至留下心理陰影！
有一些很棒的方法可以戰勝害怕，
一起來看看吧！

原來快樂是這樣：

不能夠一直開心嗎？

開心的事情真的好多好多，多到數都數不完！
當我們感到快樂的時候，身體會充滿能量，
大腦也會給予「獎勵」，帶給我們快樂的感受。
除此之外，
快樂也是治癒壞情緒的良藥，
一起來學習如何常常保持愉快的心情，
對身體健康及人際關係都很有幫助喔。

原來悲傷是這樣：

想讓難過消失該怎麼辦？

悲傷的時候，世界彷彿都變成了灰色……
悲傷是唯一一種會造成身體能量流失的情緒，
雖然我們無法阻止令人悲傷的事情發生，
但有一些方法可以緩解難過的情緒，
讓我們的心情變得好起來。
難過的時候，
試試看這些「悲傷消失術」吧。

原來討厭是這樣：

遇上討厭的事物只能躲開嗎？

世界上為什麼有那麼多討厭的東西呢
一旦我們碰到自己討厭的東西
不只情緒會產生強烈的抗拒反應
就連身體也會覺得很不舒服。
該怎麼克服討厭的感覺，
是一門需要努力學習的大學問呢！

原來驚奇是這樣：

遇上沒想到的事情只能嚇一跳嗎？

原來世界上有那麼多讓人驚奇不已的事情！
從遠古時代開始，
「驚奇」就存在人類的身體裡，
專門用來應對各種意想不到的突發情況。
當意料之外的事情發生時，
驚奇就會立刻現身！
學習時刻保持對世界的新鮮感，
生活就會處處是驚奇唷！